AF460585

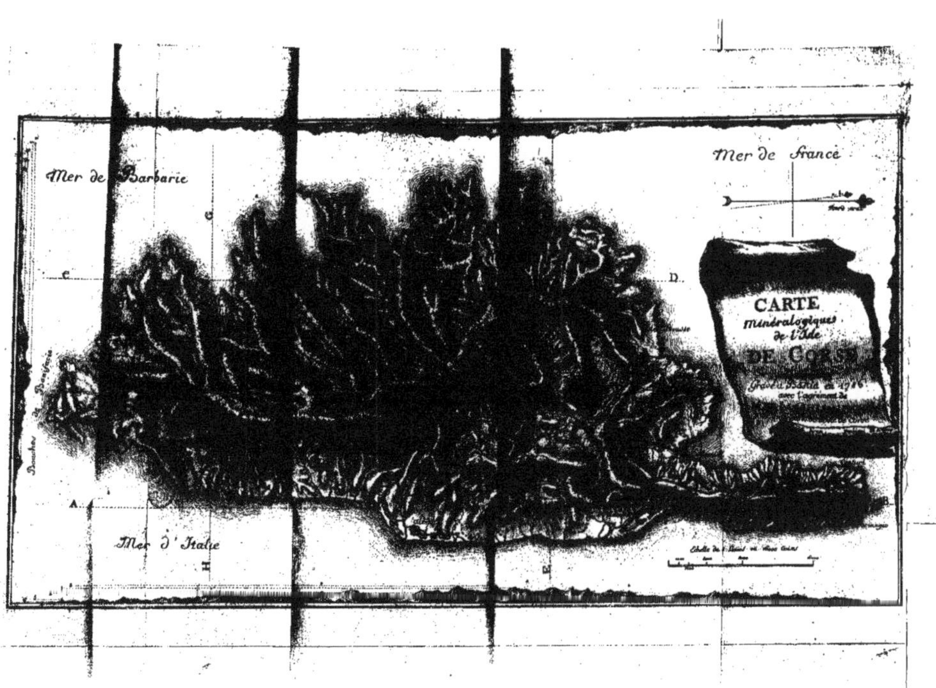
Mer de Barbarie
Mer de France
Mer d'Italie
CARTE
minéralogiques
de l'Isle
DE CORSE

VÉRITÉS PHISIQUES ÉLÉMENTAIRES

POUR L'ÉTUDE

DE L'HISTOIRE NATURELLE

PROUVÉES PAR L'ÉTAT DU SOL

DE LA CORSE.

Et ſervant de ſuite au mémoire ſur les jaſpes & pierres précieuſes de cette Iſle.

Par M. CADET le jeune.

A BASTIA)(1789.

De l'Imprimerie D'ETIENNE BATINI
Imprimeur du Roi &c.)(*Avec Permiſſion.*

DISCOURS PRÉLIMINAIRE.

L'Homme verſé dans la ſcience de l'antiquité reconnoit par le ſtile, par l'ordre ou par la diſtribution des Édifices le Siecle & le Régne même, pendant leſquels ils ont été conſtruits : Le Naturaliſte peut diſtinguer auſſi par l'eſpèce des détrimens qu'il examine, par leur altération & par leur giſſement, la nature de leurs parties conſtituantes, les diverſes modifications qu'elles ont éprouvées & l'ordre de leur ancienne exiſtence vitale. Si l'opinion du premier ne laiſſe plus aucun doute, lorſque des débris d'inſcriptions la confirment; le ſentiment du ſecond doit avoir autant de force, quand, pour rendre compte des faits éloignés, il part de ceux que nous avons journellement ſous les yeux, & ne les lie, de Siecle en Siecle, avec les précédens, qu'après avoir démontré, chaque fois, qu'il s'appuye ſur des reſtes encore majeſtueux de l'événement qu'il contemple; & que, d'ailleurs, il ſe trouve d'accord avec les Hiſtoriens les plus rapprochés de ces faits anciens.

Mais la connoiſſance de ces mêmes faits, dont la Corſe nous fournira les preuves, ſeroit preſque ſuperflue; ſi par elle on n'arrivoit pas à découvrir la marche régulière des révolutions communes à tous les autres pays, les changemens particuliers qu'elles ont occaſionnés, dans la poſition générale des matieres, & le lieu que chacune d'elles occupe ſur le globe terreſtre: car il s'obſerve un ordre conſtant, à l'égard de leur emplacement reſpectif. Telle ſorte de pierre, en effet, ne ſe voit

& n'exiſta jamais à plus de cent toiſes au-deſſus du niveau que la mer conſerve de nos jours ; tandis que d'autres recouvrent, ordinairement, le ſommet des hautes montagnes. Et, comme l'on remarque, dans les unes & dans les autres, des empreintes de productions marines ; il s'enſuit que la mer ne s'eſt pas fixée conſtamment à la même hauteur ; & que ſa ſurface, par un mouvement général d'aſcenſion ou de déclinaiſon autour de la terre, s'eſt éloignée puis rapprochée ſucceſſivement du centre de ce globe.

Je déſignerai, par le nom de Stations, les ſéjours qu'elle a faits, à différentes élévations, & durant leſquelles ſes eaux, ou plus vaſtes, plus élevées, plus abondantes, recouvroient des éminences qu'elles n'atteignent plus maintenant, ou moins volumineuſes, moins étendues, ſe trouvoient réunies dans les profondeurs, en une maſſe beaucoup moins considérable, & qui laissoit voir conséquemment & dans le même temps, en Asie comme en Europe, en Affrique ainsi qu'en Amérique, plusieurs contrées ensevelies maintenant sous les flots, & par lesquelles auparavant, les hommes se communiquaient aisement leurs espérances, leurs allarmes, & leurs usages.

Telle est l'histoire phisique dont la Corse m'a fourni les monumens. Il est peu de pays qui, dans une égale surface, puissent en offrir un aussi grand nombre: mais il en est peu, qui n'en présente de très-intéressans & d'également propres à constater les faits de quelques-unes des époques de cette histoire.

Ces faits, je ne le dissimulerai point, sont tellement éloignés des idées reçues, que je n'aurois jamais osé les publier, dans tout autre Siecle que le notre. Mais tandis que l'amour du vrai *ſe propage, tandis qu'il déchire le voile de l'erreur, eſſayons de dégager celui de la nature, du poids des ſyſtêmes nombreux qui l'obſcurciſſent, depuis ſi long temps; & de rétablir ſon ancienne & délicate tranſparence, qui ne laiſſoit rien de caché pour le philoſophe ſtudieux.*

Avant d'entrer en matiere, nous obſerverons, comme une vérité, qu'il importe de ſe rappeller ſouvent, qu'une inégalité d'une ligne, ſur un balon de ſeize pieds & huit pouces de diametre, ferait ſur ce balon, mis en comparaiſon avec la terre un effet ſemblable à celui que produirait, ſur notre globe, une montagne de 3000. toiſes d'élévation au-deſſus du niveau de la mer.

STATION PRÉSENTE DE LA MER.

LA Mer, dans ſa poſition actuelle au tour de la Corſe, eſt de quinze cent quarante-neuf toiſes au deſſous du Sommet du Rotondo, le plus élevé des monts que l'on trouve dans cette Isle. Ceux dont eſt formée la chaîne qui règne du Nord au Sud, dominent généralement la mer de quatorze à quinze cents toiſes.

Les eaux qui partent de ces éminences, charient des détrimens, dont l'abondance & la variété ſont proportionnées à la longueur du cours de ces fleuves ou torrens, à leur volume, à l'inclinaiſon de leur lit, enſin à la nature du Sol qu'ils ont à parcourir.

Ainſi chariés, ces détrimens viennent avec ceux que le choc des vagues détache des terrains friables, ſe placer en pente reglée ſur le fond de la Mer. Vis-à-vis les plaines de l'Eſt, ce fond eſt limoneux & les eaux peu profondes à pluſieurs milles du rivage, tandis qu'à la partie oppoſée de l'Isle on arriverait, preſque par tout, ſous la côte même, ſi l'on ne craignait de s'y briſer contre les rochers.

Le lit de la Mer qui ceint la Corſe n'eſt pas, au ſurplus, totalement recouvert par ces détrimens: d'autres matieres, bien plus nombreuſes encore, s'y placent ou s'y fixent continuellement: telles ſont les productions marines végétales & animales. Dans les Golfes de Portovecchio, de Santa Manza, d'Ajaccio, de Sagone & dans les bouches de Bonifacio les ſondes annoncent un fonds de coquillages & de madrépores. Le madrépore eſt preſque ſeul, depuis l'entrée méridionale du Golfe de Valinco, juſqu'à la pointe où celui de Ventilegue ſe termine. C'eſt là, même, où ſe commence la pêche curieuſe du corail.

En d'autres lieux, & de ce nombre ſont les anſes du Golfe de St. Florent & celles qui ſe voient depuis le Cap-Corſe, juſqu'à deux milles au-delà de Baſtia, le lit eſt généralement de végétaux, variés à l'infini.

Quant aux différens animaux, que la mer nourrit dans ſon ſein, leur décompoſition les dénature au point, qu'il ne parait plus de leur organiſation, que les parties oſſeuſes parſemées en divers endroits.

Voilà quels ſont, près de la Corſe, les matieres qui ſe dépoſent journellement ſur les points les moins élevés du Sol qui ſoutient la Mer. Leur continuité, ſous les eaux, eſt interrompue par des rochers, qui pour la plus part, tiennent aux lits inclinés des montagnes de l'Isle.

Quoique ces dépôts ayent de l'adhérence entr'eux, l'agitation des eaux, pendant les fortes marées & les orages, ſe communique cependant à leur ſuperficie, les ſouleve en tourbillons, cauſe leur mélange & les fait rejetter enfin ſur le rivage, lorſqu'ils en ſont à portée.

Sur le fond de la Mer; ils s'étaient placés par couches uniformes, tranquilles & générales; les couches, ici, ſont étroites, inclinées ſuivant la direction des flots qui les forment, ſinueuſes & multipliées comme eux. Les coquilles, les algues & les madrépores qu'elles renferment, y ſont fruſtes, tandis qu'ils ſont de la plus belle conſervation, dans les dépôts ſou-marins : enfin , & nous terminerons , ici , nos remarques ſur ces différences importantes de ces deux ſortes de dépôts, le ſable & les parties terreuſes y ſont moins diviſés , que ſous les eaux ; parceque s'ils euſſent eu plus de tenuité, les fleuves les entrainant, loin de leur embouchure , les euſſent ſouſtraits aux vagues, qui les ont repouſſés vers les terres. (*)

Réunis ſur le rivage , leur élevation, d'abord , eſt proportionnée à l'élancement des flots qui les ont rejettés : ils ſe reſſerrent enſuite & prennent, inſenſiblement, le niveau des dépôts antérieurs. Mais, s'ils contiennent beaucoup d'algues & que les débordemens des fleuves n'y laiſſent rien, ils s'affaiſſent, peu de temps après, juſqu'au deſſous même du niveau de la mer. Les eaux alors, s'inſinuent à travers les rejets plus nouveaux , qui ſemblaient pour eux une barriere impénétrable,

& viennent former les étangs & les marais, dont les plaines basses de l'Isle sont infectées. (*)

Elles ont un accroissement sensible : les restes des anciens Ports d'Aleria, de St. Florent & de Mariana, épars maintenant au milieu des trois plaines auxquelles ces ports ont donné leurs noms, se trouvent, en effet, sur un sol pareil à celui qu'elles ont vers le rivage & près des montagnes. La mer, dans le principe de la Station actuelle, couvrait donc l'espace du même sol. On le voit circonscrit sur cette Carte.

VI. STATION

EN considérant la Mer, qui flottait immédiatement aux pieds des monticules ou des rochers, qui bornent aujourd'hui les plaines basses, à la partie opposée aux rivages, nous nous sommes transportés, sans nous en être apperçus, aux temps où le chef des hebreux descend du pays d'Ur, (*) où la Grece est sauvage, où les Egyptiens s'occupent d'y former des Colonies. Les débris de celle des Romains, qui fut amenée dans cette Isle par marius, sont maintenant épars, & cachés, en effet, au milieu de la plaine de Mariana. Et comme leur éloignement de la Mer est, à-peu-prés, égal à leur distance des monticules par lesquels cette plaine est terminée, l'on ne fera pas d'erreur considérable, en mettant un même temps pour la formation de ces deux parties de la plaine. (*) Mais suivons la marche de la mer, & considérons les bornes qu'elle avait, à l'époque dont nous parlons; c'est-à-dire, celles des plaines basses, dont le Sol se trouve augmenté depuis lors, & les rochers dont la Mer ne s'est pas éloignée, parcequ'elle n'y laisse aucun dépôt.

Ces bornes, quelle que soit leur nature, ont trop d'élévation au dessus des eaux actuelles pour avoir été formées, tandis que le niveau de la mer se trouvait, comme à présent, à quinze cent quarante-neuf toises au dessous du sommet du Rotondo. Mais, quelques unes ont un caractere tellement propre aux détrimens laissés ou rejettés par la mer, qu'il serait vraiment hors de toute raison, de vouloir prétendre qu'ils ne sont pas de l'une ou de l'autre de ces deux claſſes. On le reconnait ſinguliérement dans les monticules, qui terminent les plaines baſſes, qui nous ont juſqu'à préſent occupés. Ils ſont, ſur la longueur de celles de ces plaines que l'on voit depuis Baſtia juſqu'au Bravone, de douze à quinze toiſes plus élevés qu'elles, & leurs différens ſommets commencent, eux-mêmes, une plaine, qui, dans ſa largeur, remonte avec uniformité, juſqu'à de petits coteaux de quelques pieds plus haut qu'elle : ces coteaux enfin recouvrent la baſe de montagnes, à la cime deſquelles on ne peut arriver qu'après une marche de pluſieurs heures. Des ſables, des cailloux, une terre végétale conſtituent le ſol de cette ſeconde plaine; mais ſans direction ni ſtratation regulieres. La groſſeur des cailloux & celle des parties de ſable ou de terre augmentent, à meſure qu'ils ſont plus rapprochés des coteaux. A l'égard de la composition de ces coteaux, leurs lits paraissent, dans les coupures que l'on y a faites, pour la grande route, croisés, étroits, feuilletés & sinueux, & leur matiere végétale, quoique tendante à la petrification, si peu dénaturée, que tout homme judicieux y reconnoîtra qu'ils sont formés de sables & d'algues, amoncelés & réunis; ainsi que l'on en voit des amas considérables, récemment faits, sur plusieurs plages de l'Isle.

Cet ordre des choses, en quelques parties interrompu, par le prolongement incliné de lits immenses, qui partent d'une chaîne très-élevée, continue ainsi jusqu'au Bravone.

Là commence, à la même élévation de 15 toises, une vaste plaine, & se découvre, en même temps, une autre espece de matieres, qui ne disparait qu'au Fiumorbo. C'est d'abord un mêlange des précédentes avec des détrimens de madrépores & de coquillages : plus loin, il ne reste que ces détrimens, bien conservés, lorsqu'ils sont tirés des couches inférieures.

Ces couches sont toutes sur un plan horizontal, jusqu'au pied de monticules pareils à ceux dont Nous avons déja fait mention : & si les eaux, en quelques endroits, les ont usées ou recouvertes de sables ou de cailloux, leur direction n'en à presque jamais été changée. Coupées par des fleuves, qui les ont creusées, jusqu'au niveau de la plaine inférieure, elles forment alors des vallons où la nature parait attendre le cultivateur pour l'enrichir de moissons précieuses.

Cet espoir avait engagé les Romains à fonder une Ville en ces lieux ; & le palais, élevé sur le prolongement d'un lit tenant aux montagnes, dont la chaîne immense &

déchirée semble, de là, se déployer sur toute la longueur de l'Isle, dominait sur cette plaine superbe. (*) Dans les temps plus reculés, la mer, puisqu'elle y a laissé des dépôts infinis, en couvrait donc autre fois l'étendue. Elle occupait également toutes les plaines semblables ; & généralement tout ce qui se trouve à leur élévation. (*)

Cet ancien empire des eaux est limité sur la carte.

V. STATION

AU commencement de l'époque à laquelle nous venons de nous arrêter, la mer occupait non ſeulement l'eſpace des deux plaines & des monticules formés, ainſi que l'on vient de l'obſerver, ou de ſes productions où des détrimens qu'elle a rejettés; mais encore celui de toutes les plaines, ou monticules de la même nature & de la même élévation de 15 à 20. toiſes. Le Corſe, ſi toute fois il en exiſtait alors, ne pouvait jouir des riantes campagnes de la Mezzana, du Nebbio, de la Balagne: l'effort des fleuves, ſe perdant preſqu'auſſi-tôt qu'ils arrivaient dans l'immenſité de la Mer, n'avait point encore formé ces fertiles & nombreux vallons, que couvrent aujourd'hui des forêts d'oliviers & d'autres arbres précieux. (*) Et, ſi nous quittons un inſtant la Corſe, nous verrons les flots pénétrer, dans l'Egypte, juſqu'à l'antique Eléphantine, ſe rapprocher de l'Atlas, baigner le pied des Appenins & des Pyrennées, & laiſſer à la même hauteur, dans tous ces lieux, alors que le ſol n'y eſt point trop eſcarpé, des dépôts qui n'ont de différence entre eux, que celle qu'a dû cauſer la diverſité du climât & celle de l'élévation. (*)

Mais laiſſons, pour l'inſtant, ces tatableaux, & revenons à celui de notre Isle. La mer, plus élevée, la circonſcrit plus étroitement; & pluſieurs des barrieres, qui domptent ſes flots, témoignent, par leur nature, qu'elles viennent elles mêmes d'en être abandonnées. (*)

Les unes ſont évidemment des dépôts de productions marines accumumulées ſous les eaux. On y reconnait ou les algues, ou les madrépores, ou les coquillages ; d'autres ſont des détrimens reçus des fleuves anciens. Les diverſes matieres détachées du Sol arroſé par ces fleuves, s'y retrouvent mélangées; pluſieurs ſont les digues que les vagues élevent, elles mêmes, contre leur propre violence : enfin & plus généralement, elles ſont des lits inclinés qui dépendent des montagnes.

Les barrieres de la premiere de ces quatre claſſes, ſe voient à la hauteur de deux cent ſix toiſes, appuyées, autour du baſſin du Nebbio, ſur & contre ceux de la quatrieme claſſe. Dans le milieu du même baſſin, au paſſage du chemin de St. Florent, deux maſſes conſidérables s'élevent à la même hauteur, & laiſſent voir, l'une & l'autre, dans leur coupure, des couches parfaitement correſpondantes, de madrépores & de coquillages, d'une pétrification imparfaite, à la vérité, mais plus avancée que ne l'eſt celle de pareilles productions, trouvées dans la plaine d'Aleria.

L'extrêmité méridionale de l'Isle, à partir du Golfe de Santa Manza jusqu'à celui de ventilegne, n'offre aucune autre matiere. Les couches y sont accumulées, à la hauteur de celles de la gorge de St.Florent & leur reſſemblent en tout: mais leur baſe différe, en ce qu'elle eſt, ici de granit, tandis qu'elle eſt, dans le Nebbio, de cailloux de jaſpes & de porphires. Ceux des lits, qui touchent immédiatement la baſe, y ſont tellement inhérents, que l'on ne peut en détacher des échantillons, ſans enlever en même temps, à Ventilegne du granit, & près de St. Florent des cailloux de jaſpe ou de porphire incruſtés : ce qui dénote que les matieres ſupérieures n'étaient point durcies, lorſqu'elles ſe ſont dépoſées.

Ces couches ſont toutes horizontales, & ſi, près de leurs ruptures, quelques-unes ſont inclinées, la maſſe totale ſuit la même direction. Elles ſont donc une preuve inconteſtable que, dans pluſieurs parties, autour de la Corſe, la mer avait un lit élevé de deux cent ſix toiſes, au deſſus de ſon préſent niveau. Mais quel était alors ſon niveau? les dépôts qu'elle a faits, dans le même temps, ſoit ſur ſon fond & près de ſes bords, ſoit ſur ſon rivage, nous le feront connaître.

Il en eſt, d'abord, de la premiere de ces deux eſpeces, qui aboutiſſent à ceux que nous venons de quitter, & qui remontent, juſqu'à ceux de la ſeconde eſpece. Il en exiſte auſſi, dans l'intérieur de l'Isle, ſous les monts dont le Golo baigne les pieds, lorſqu'il ſort du Niolo, & ſinguliérement, dans le baſſin qui ſépare les provinces du Nebbio, de Corte, de Balagne & de Bastia. Généralement formés de cailloux & de sables, les coteaux de ces parties sont élevés, d'environ 225. à 230. toises; & leurs sommets, à commencer de Pietr'alba, déclinent, les uns vers le Sud-Est, les autres vers le Nord-Ouest.

Quant aux dépôts réjettés sur le rivage, ils forment, environ à 240. toises d'élévation, un cordon de monticules, qui ceignent presque toute l'Isle, & dont les uns sont de schistes terreux, les autres d'un granit friable, ou de matieres variées, suivant les détrimens que la mer rejettait, après les avoir reçus des fleuves. Voyez, sur la carte, cette ligne de circonscription.

IV. STATION.

TOut Obſervateur attentif ſe perſuadera facilement, que les eaux réunies, à cette époque, devaient, lorſqu'elles ſe trouvaient dans un même climât, prendre un niveau ſemblable & laiſſer des dépôts de pareille nature. Les côtes de la Sardaigne les plus rapprochées de notre Isle, comparées avec celles de Bonifacio, celles de Nice avec celles des environs de St. Florent, pourraient lever, au ſurplus, toute incertitude ſur la réalité de ce fait. Elles ſoutiennent en effet, à la même hauteur, des reſtes de lits, parfaitement correſpondans à ceux de l'extrêmité méridionale de la Corſe & du baſſin du Nebbio.

Des restes de même espece s'apperçoivent, en une infinité d'endroits, appuyés contre les monts qui renferment la Méditerranée. Vous les verrez quelque-fois en Égypte, posès sur du granit; aux pieds des Cevennes & de l'Appennin, sur des couches énormes calcaires ou schisteuses, & souvent alternativement de l'une & de l'autre qualités, sur baissées & dépendantes de chaînes élevées de 900. (*) toises. Elles sont donc autant de preuves de l'existence de la mer à cette élévation & dans le même temps. Vous pourrez reconnaître aussi dans ces couches, qu'étant de matieres moins durcies, moins dénaturées que les lits qui leur servent de base, elles sont d'une formation postérieure à ces mêmes lits : l'objet qui recouvre ne peut en effet avoir été placé qu'après l'objet recouvert : c'est une vérité frapante.

Quoique cette formation graduelle & ſucceſſive des lits, que vous avez contemplés, vous oblige à rétrograder beaucoup au-de-là des temps fabuleux de la Grece ; puiſque la plus grande partie de ce pays était enſevelie ſous les eaux ; n'abandonnez point les monuments qu'il vous reſte encore à conſidérer : ils vous retracent, avec autant de fidélité que de majeſté, l'hiſtoire inaltérable de faits intéreſſans, merveilleux & propres à rétablir l'homme dans l'élévation d'ame, qui le met au-deſſus des paſſions, & dans la fermeté, qui le rend inébranlable au choc des accidens de la fortune, en lui faiſant connaître & ſon néant & ſa force. (*)

Cette hiſtoire avant l'écriture était légérement voilée par les caractères ſculptés, peints, ou gravés, en compartimens, ſur les pilaſtres, les colonnes & les murs de ces temples, où le culte de l'Éternel s'était maintenu dans sa pureté primitive : elle était, pour l'ordre Sacerdotal, intelligible même dans ses détails. Il put la lire, en entier, celui qui, victorieux des quatre Rois ligués, offrit, au prêtre du très-haut, la dixme de leurs dépouilles. (*)

Elle est encore écrite, mais sous un double voile, dans un livre, que j'indiquerais dès-à-présent pour guide, si je ne craignais que la facilité qu'il donnerait à découvrir les événemens, ne diminuât la conviction, que l'on acquiere de leur existence, lorsque l'on en découvre, soi même, des traces infaillibles. (*) Suivons-les donc.

Parvenus à la hauteur de 225. à 240. toises, les rochers contre lesquels sont adossés les dépôts de la cinquième Station, en sont dégagés alors, & s'élençant, de là, quelque fois à pic, il vont aboutir à de longues chaînes de montagnes élevées, les unes de douze à quinze cent toises, les autres de mille à douze cent, les plus basses enfin, de sept à neuf cent.

Des lits calcaires ou schisteux étendus & paralleles semblent constituer cette troisième classe de chaînes. Appuyée en plusieurs endroits & moulée, au point de contact, sur les revers des deux autres, qu'enrichissent des porphires, des pierres jaspées & de précieux granits, elle a des prolongemens, dont plusieurs descendent, par une pente uniforme, jusques au-de-là des bords de la mer, & se continuent, au loin, par dessous les eaux. Chacun d'eux a son correspondant.

Partis, l'un & l'autre, du même point de la chaîne, ils forment un angle, dans lequel est une vallée, qui s'approfondit & s'elargit régulierement sous la mer. (*)

Cet état des lieux prouve qu'elle était, après la formation de ces lits, beaucoup plus baſſe qu'elle ne l'eſt de nos jours : autrement le eaux courantes, qui s'y rendaient, n'euſſent point creuſé les vallées au-de-là du rivage actuel : il eut ſervi de limites au cours des torrens eux mêmes. Il prouve, en outre, que les grands lits ſchiſteux & calcaires exiſtaient, lorſque la mer était enſerrée dans ces profondeurs inconnues. (*)

III. STATION.

IL ſerait impoſſible de calculer avec préciſion la durée du ſéjour des eaux réünies dans ces profondeurs : elle a néceſſairement été proportionnée tant à la grandeur de ces abymes, qu'au nombre, & plus encore au volume des fleuves qui s'y rendaient & dont le cours ſe retrace fréquemment encore à la ſurface de la mer actuelle. Mais il eſt certain que les lits calcaires & ſchiſteux qu'elle venait d'abandonner alors, ſe ſont conſolidés pendant ce même ſéjour. (*)

Depuis le Cap-Corſe juſqu'au delà de Baſtia, ſur le rivage, il en exiſte, de cette nature, qui ſont recourbés & rentrés en eux-mêmes, applatis, ſinueux, incruſtés de morceaux détachés des lits voiſins, gerſés ici, là preſque ſéparés de la maſſe & formant des Islots, par-tout enfin, montrant que leur configuration provient des accidens variés de leur chute, & qu'ils étaient mols à l'époque de leur écroulement.

Ils devaient cet état à l'eau dont ils étaient imprégnés ; & cette même eau, qui ſuintait abondamment autour des divers baſſins, a fait remonter la Méditerranée dans le Sien, par divers degrés plus ou moins ſenſibles, au moins juſqu'à deux cent quarante toiſes au deſſus de ſa préſente élévation, & peut-être, juſques ſur les plus hautes montagnes ; ſi, comme il eſt à préſumer, le déluge rapporté dans les livres ſaints eſt arrivé pendant la même époque. (*) Le terme de l'aſcenſion des mers eſt incertain ; mais ce qui ne l'eſt point, c'eſt que dans leur marche, elles aient entrainé les végétaux & les animaux, dont la terre fourmillait, (**) déraciné les plantes, renverſé des forêts entieres couchées ſouvent dans un ſens contraire à l'inclinaiſon du ſol, recouvert ces productions, de divers détrimens chariés par les grands fleuves ; enfin, que par un acte admirable de la providence Divine, elle ait préparé de cette manière, pour les ſiecles ſuivants, ces amas d'arbres inutiles alors, & ces tourbieres immenſes, dont quelques-unes ſont, comme à Wicheten-haven, enfouïes plus bas même que le niveau de la mer actuelle. (*)

Mais ceux des grands lits calcaires & ſchiſteux, que les fleuves ou les torrens nombreux n'avaient point entrainés, réſiſterent à la force de cette aſcenſion. Conſolidés par le temps & par la chaleur, dépouillés de leur humidité ſurabondante, ils furent ſeulement excavés de bas en haut, en une infinité d'endroits, & demeurerent comme des monumens inaltérables de cette grande révolution.

Ces lits, très-rares dans les Provinces de Calvi, d'Ajaccio, de Bonifacio, de Sartene, revêtent presque toute la chaîne du Cap-Corse & les montagnes de 7. à 900. toises, contre lesquelles, dans les Provinces de Bastia, de Corte, d'Aleria, de Balagne & du Nebbio, sont appuyées les trois espèces de dépôts de la cinquieme Station.

Ces derniers dépôts ont nécessairement été formés des détrimens brassés de toutes les productions marines, accumulées après leur éxistence vitale, sous les eaux, dans le sein desquelles leurs germes s'étaient développés; (*) puisque l'organisation & la configuration des coquillages & des madrépores s'y distinguent encore parfaitement, & que déja plus d'une fois, on a démontré que les Schistes provenaient des algues ou varechs & des autres végétaux marins. (**)

La dureté de la pierre de ces lits augmente, à mesure qu'ils s'élevent ou qu'ils ſe rapprochent de la grande chaîne, à laquelle ils viennent aboutir ; & l'on dirait qu'ils participent inſenſiblement, à la nature de l'Agathe, du Jaſpe & des autres pierres de ce genre. Il n'exiſte enfin, dans l'Iſle, aucune pierre calcaire, à plus de 900. toiſes d'élévation ; quoique les mêmes-lits qui la contiennent, aboutiſſent à des hauteurs plus conſidérables. (*)

Ce fait eſt facile à vérifier, au deſſus de Caſtifao, de Corte, de Muro dans la Balagne, du Mont Laſinao, de Sulagaro près de Sartene, & dans beaucoup d'autres endroits. Cette portion des mêmes lits continués differe auſſi, de la plus éloignée du corps de la haute chaîne, par un mélange de débris des quartz, des granits, des porphires, des brêches, des poudings & des jaſpes, qui recouvrent cette chaîne. Ces débris, quelquefois réduits en ſable, ont été durcis enſuite, autant que les rochers qui leur avaient fourni leurs parties conſtituantes. Les fleuves anciens dont il ne reſte plus de traces, que les cols ou bouches correſpondantes des chaînes ſéparées aujourd'hui, par de grands intervalles, & les torrens nombreux de ces temps reculés, ont charié ces matieres diverſes, & les ont unies, les unes aux autres, par couches paralleles, élevées d'environ 1000. toiſes. (*) Elles ſont les dépôts rapprochés du rivage, pendant la troiſieme ſtation de la mer.

Ceux qu'elle rejettait ſur ſes bords, ont formé les roches très-dures & ſemblables, quant à la configuration, aux ſchiſtes qui ſe voient à la même élévation, ſur les revers de la chaîne la plus conſidérable. (**)

II. STATION.

PEndant que la mer plus vaſte, arrangeait ces grands lits ſchiſteux & calcaires, où l'on voit une multitude infinie de détrimens des Êtres qu'elle nourriſſait, la Corſe paraiſſait à peine ſortir de 600. toiſes au-deſſus de la ſurface des eaux. Elles couvraient toutes celles des parties de cette Isle, qui ſont moins élevées que ces lits, & tenaient enſévelies de même, au tour du Globe, toutes les inégalités moins conſidérables. La mer venait même, de former une circonférence beaucoup plus vaſte, beaucoup plus éloigné du centre de la terre; puiſque les gerſures du mont Bagliaorba, celles du mont Cinto, l'un & l'autre élevés d'environ 1500. toiſes, ſont remplies de coquillages, de madrépores & de ſchiſtes jaſpifiés. Ces madrépores & ces coquillages ſont, à la vérité, peu variés dans leurs formes, & n'annoncent qu'une organiſation tellement ſimple; qu'il paraitrait que le développement de ces productions aurait été progreſſif. (*) Mais abandonnons les préſomptions, & révenons aux vérités prouvées.

L'exiſtence de coquillages & de madrépores, dans les gerſures de ces montagnes qui dominent la Corſe, & mêmes ſur quelques-unes d'elles, ſont une preuve que cette Isle avait été recouverte entiérement par les eaux. Il eſt certain encore, d'après de pareils dépôts trouvés dans les lieux beaucoup plus élevés que cette Isle, qu'elles atteignaient à des hauteurs plus conſidérables, & qu'elles préparaient alors, dans leur ſein immenſe, les vaſtes plaines de la grande Tartarie, du Pérou, de la Lybie; qu'elles enrichiſſaient des dépouilles des plus hauts pics de la terre les lieux moins élevés qui les avoiſinaient, & les comblaient de ceux des détriments qu'elles ceſſaient de tenir en diſſolution. (*) Elles ſe chargeaient également des parties qu'elles détachaient des pics inférieurs & les dépoſaient d'une maniere ſemblable, avec le reſte des premiers détrimens qui ne s'était point précipité dans les creux plus élevés. Ainſi furent dans les temps réculés, formés pluſieurs dégrés de plaines, dont le Sol était compoſé d'un plus grand nombre de matieres, à meſure qu'il était plus éloigné des éminences principales. (**) Ainſi, les plus hautes ſommités de la Corſe & des autres parties du Globe furent elles mêmes, recouvertes plus ou moins légérement, de dépouilles étrangeres unies aux leurs propres, tenues les unes & les autres fort long-temps en diſſolution, long-temps agitées & comme braſſées dans cet immenſe volume d'eau, que ce mélange avait rendu limoneuſe. Les premiers dépôts qui ſe fixerent ſur la maſſe ſolide dans les abymes de cette mer, n'étaient point aſſez rapprochés de la ſurface des eaux, pour qu'ils participaſſent au réſſerrement diurne, qu'y produit la ceſſation de la chaleur du Soleil; & comme nous le verrons, ils ſe criſtalliſerent.(*) Mais, lorſque les eaux moins élevées, ne s'oppoſerent plus à la communication ſenſible de cet effet, les dépôts ſe firent par ſuperpoſition. Il en exiſte encore de cette eſpece, ſur pluſieurs ſommets des montagnes de la grande chaîne de la Corſe. Ce ſont des granits mélangés à des parties ſchiſteuſes. Ces granits appellés kneiſs, ſont infailliblement poſtérieurs aux autres granits, puiſqu'ils les recouvrent

& qu'ils portent déja l'empreinte des détrimens de végétaux marins. Leur disposition par couches horizontales, suffirait seule, indépendamment des restes de madrépores & de coquillages que l'on a fait remarquer, & de ceux qui sont dans d'autres contrées, sur des lieux plus éminens, pour convaincre que la mer tenait autrefois, cette Isle ensevelie dans son sein. Les dépôts qu'alors, elle plaçait au-dessus des plus hauts pics, beaucoup trop durcis à présent, ne sont d'aucune ressource pour le Cultivateur; mais ils présentent des richesses aux Sculpteurs & même aux lapidaires.

En Corse néanmoins, les Sculpteurs pourraient seuls, à ce que nous croyons, tirer avantage des dépôts de cette seconde Station de la mer. Près des mêmes lieux où son séjour est attesté par ses traces, les feux en ont laissé de nombreuses de leurs effets; & nous devons aux mouvemens qu'ils ont occaſionnés, la découverte des dépôts de la premiere Station qui va nous occuper maintenant.

I. STATION.

L'Action des anciens feux, aiſée à reconnaître dans toutes les parties de la grande chaîne de la Corſe, eſt bien plus ſenſible encore, aux points les plus élevés des lieux où viennent aboutir les immenſes lits ſchiſteux & calcaires, appuyés contre cette chaîne. Les productions volcaniques effectivement, ſont multipliées entre Sartene & Portovecchio dans la Piève de Carbini, vers l'extrêmité méridionale de l'Isle & ſous le Cinto, mont qui ſépare la Piève du Niolo de celle de Caccia. Les laves vitreuſes, appellées agathe noire, les laves cellulaires de diverſes formes, les ſcories, les pierres arrondies & ſemblables à celles que lancent de nos jours, le Véſuve & l'Etna, s'y voient, les unes en lits étendus & les autres en blocs ſéparés. Cette action même, s'eſt communiquée fort au loin, ainſi que nous l'avons obſervé, dans les maſſes granitiques & dans les immenſes lits ſchiſteux & calcaires. Pluſieurs granits éloignés n'ont d'altéré que leur couleur; d'autres, ſans perdre la qualité de leur pâte, ont des taches auréoliques dues à la décompoſition des ſubſtances métalliques, dont ils étaient pénétrés. Mais à meſure que l'on ſe rapproche des foyers, où les traces du feu ſont plus multipliées, les granits ſe colorent d'avantage, ils acquierent plus de finesse, plus de liaison; ils deviennent enfin, de vrais & de magnifiques porphyres. A l'égard des lits schisteux & calcaires, l'altération qu'ils ont éprouvée leur a donné plus ou moins parfaitement, la qualité siliceuse, & les plus voisins des deux points où les productions volcaniques abondent, sont convertis en jaspes très-curieux, par la variété des desseins qu'ils représentent. Cette élaboration se faisait pendant que la mer était enserrée dans les profondeurs les plus basses de la surface du Globe, antérieurement aux sixieme & cinquieme Stations, dont l'on voit les dépôts recouvrir des cailloux des mêmes jaspes & porphyres. (*)

Mais enfin, qu'elle était la source de ces eaux qui venaient d'envelopper le Globe? Quelle était celle des feux, qui déchiraient les dépôts qu'elles avaient laissés?

Les feux alors, ne partaient ni des lits calcaires ou ſchiſteux, ni des granits, puiſqu'ils les altéraient, puiſqu'ils les déchiraient. Examinons donc ce qui ſe trouve deſſous les granits; & nous découvrirons peut être, les cauſes dont les effets nous étonnent.

La baſe que nous cherchons eſt à découvert, dans les déchiremens des maſſes de granits & de poudings dont ſont envéloppés les monts Cinto, Bagliaorba, Tenda, Patro, les pics de Carbini &c. Cette baſe eſt de pirytes ou conſervées entieres, ou décompoſées & réduites en criſtaux de plomb, de fer, de cuivre &c. Des bols dont la richeſſe métallique s'accroit, à meſure que l'on ſe rapproche de ces lieux eſcarpés, ou que l'on pénetre plus profondément entre les pics, l'annoncent à quelque diſtance. L'on voit enfin, les pirytes ou les criſtaux métalliques à nud. Ils ne ſont point là par filons, comme dans les dépôts des deuxieme & troiſieme Stations; mais ils y forment le ſolide de ces montagnes.

Jamais ils ne ſont jettés çà & là, par blocs ſéparés, ainſi que les pierres qui les recouvraient & que la violence des feux a briſées & lancées au loin: leur giſſement indique au contraire, un repos abſolu depuis leur formation. (*) Les principes de chaleur qui les pénétraient néceſſairement; puiſque ſur eux immédiatement ils ont formé des feux puiſſans & nombreux, s'en émanaient donc par une communication continue, quelque fut leur point de partance. Mais, dès que cette communication était arrêtée par des dépôts qui ne faiſaient plus corps avec le ſolide métallique; les mêmes principes ſe réuniſſant à la ſuperficie de cette maſſe, tourmentaient & rompaient enſuite les matieres hétérogènes qui s'oppoſaient à leur ſublimation. Arrêtés même à l'inſtant qu'elle s'opérait & fixés depuis, en beaucoup de matières pénétrables, ils ont converti des terres en pyrites, ſurtout dans les gerſures de dépôts, des eaux pures en eaux thermales, des végétaux en charbons, des pierres ſchiſteuſes ou calcaires en ſilex, des bols en quartz, & même en jaſpes, lorſque les eaux concouraient avec eux à l'élaboration des matières, & produit une infinité d'autres phénomènes. Le calme de ces feux prouvé par celui des volcans, atteſte leur diminution, il démontre en outre, qu'en rétrogradant, l'on peut remonter à l'époque où leur activité détruit la cohéſion du froid, & s'uniſſant à lui, forme des flammes, des vapeurs, des pluies de divers liquides & l'athmoſphère. La ſuperficie du globe piryteux altérée n'eſt plus enfin qu'une croute bolaire, ſervant au développement graduel des admirables deſſeins de l'organiſation générale, dans l'immenſité de l'Éternel.

RÉSUMÉ DU DISCOURS

IL a fallu renoncer aux agrémens de la diction & s'assujettir à la marche fatiguante de la synthèse, pour suivre l'enchaînement des faits qui viennent d'être présentés, & découvrir les principes & la série des évènemens, qui forment l'histoire de la phisique terrestre.

Mais s'il restait encore à celui qui veut la connaître, des doutes sur la vérité de ces faits, nous l'inviterions à se transporter en Corse, pour en acquerir les preuves. Il y trouverait pour guides dans ses courses, quelques-uns de ces hommes rares dans l'univers, qui portent encore le germe précieux de la liberté primitive, qui leur a été transmise de génération en génération avec tant de pureté, que ni les forces combinées du pouvoir arbitraire, ni les ſéductions les plus flatteuſes, ni la crainte des privations les plus douloureuſes n'ont pu l'altérer en eux.

Fiers de cet avantage, mais ſenſibles, mais hoſpitaliers, ils s'empreſſeront de l'aider à gravir ſur les points éminens, d'où ſe préſenteront autour de lui dans un ordre très-remarquable encore, les détrimens dont la mer combloit autrefois ſes profonds abymes, ou qu'elle rejettait ſur ſes bords, & qui formant aujourd'hui même, ſur le pourtour preſque général de cette Iſle, des degrès majeſtueux, diſtinguent les différentes élévations auxquelles ſont reſtées plus ou moins long-temps à diverſes époques, les eaux qui la circonſcrivent.

Ils lui diront avec la franche ſimplicité que conſervent les races garanties de préjugés : conſidérez à l'oueſt ces ruines près de St. Florent; voyez à l'eſt celles d'Aleria, celles de Mariana : toutes trois formaient des ports il y a dix-huit ſiècles, & maintenant elles ſe trouvent au milieu de plaines, dont le ſol eſt compoſé de détrimens rejettés par les flots. La mer s'eſt donc éloignée des côtes orientales & des côtes occidentales ; & dans un temps double de celui qui s'eſt écoulé depuis l'exiſtence de ces ports, elle occupait tout l'eſpace de ces mêmes plaines & mouillait le pied de cette eſpèce de terraſſe, qui les domine généralement de quinze ou ſeize toiſes.

Les coquillages & les madrépores nombreux que l'on trouve en pluſieurs points de cette terraſſe, & que chacun reconnaîtra pour des productions marines, n'ont éprouvé preſque aucune altération dans leur couleur, dans leur forme, ni dans la qualité des matières qui les conſtituent : elle eſt donc le premier des dégrés qui marquent les élévations anciennes de la mer, & l'éloignement plus conſidérable où ſa ſurface étoit du centre de notre globe. Ce dégré remonte, mais par une aſcenſion douce, juſques au pied de monticules jaunatres, dont les plus élevés ont environ deux cent toiſes au-deſſus du niveau de la mer, qui les a recouverts autrefois eux-mêmes.

Pour vous en convaincre, obſervez qu'ils ſont tous compoſés de madrépores ou de coquillages bien conſervés & couvrant des granits & des cailloux de jaſpes & de porphyres; que ceux qui ne portent aucun ſigne d'affaiſſement ou d'éboulement, ſont à la même hauteur; que ſi leurs lits ont été coupés par d'anciens courans deſcendus de points plus élevés, ils n'en ſont pas moins correſpondans entre eux; que tous ſont adoſſés à d'autres montagnes, contre lesquelles la mer venait ſe briſer alors, comme elle s'eſt briſée dans des temps moins éloignés, contre ces mêmes monticules. Ces guides en montrant au curieux qu'ils accompagneraient, des morceaux recueillis dans chacune de ces parties de leur Isle, lui demanderaient de les comparer, & de juger si les faits qui lui paraissent si extraordinaires, ne sont pas de la plus grande évidence.

Ce n'est point tout encore, ajouteraient-ils ; ces autres montagnes qui s'élèvent jusqu'à plus de neuf cent toises, & contre lesquelles s'appuient les monticules jaunatres de madrépores & de coquillages, dont nous venons de vous entretenir, ont elles-mêmes été, dans des temps plus éloignés, recouvertes par la mer, & doivent la formation de leurs lits à des dépôts placés sur son fond. Mille indices vous le feront connaître.

1.° Plusieurs de leurs immenses lits sont coquillers & madréporeux, & les détrimens de cette nature sont même d'une belle conservation, mais d'une pétrification plus avancée & portant les caractères d'une organisation moins développée. Les autres lits sont la plus part schisteux, & quelques-uns mêlangés à des matières calcaires.

2.° Leur position est horizontale dans les endroits où placés sur des matières solides, ils étaient garantis de l'agitation qui tourmentait les autres dépôts & qui les a mus & versés en divers sens.

3.° Presque tous reposent sur des granits, & au point de contact, ils se sont moulés sur la forme qu'avait cette dernière pierre. Il s'en suit qu'ils étaient dans un état limoneux.

4.° Leur surface enfin, est parsemée de cailloux incrustés: ils étaient donc mous & venaient, comme nous l'avons avancé, d'être abandonnés par la mer qui les avait déposés.

Cette incrustation prouve de plus qu'il y avoit des fleuves, dont les courans étaient encore plus élevés, & dont les lits ont depuis été traverſés, interrompus & ruinés à tel point, qu'il n'en reſte plus pour témoins, que les bouches ou gorges, ouvertes tranſverſallement à la direction des vallons inférieurs, qui les ont dégradés en ſe formant.

Cela vous ſera démontré juſqu'à la conviction, lorſque parcourant l'Iſle, vous remarquerez la correſpondance frappante de ces bouches ou gorges de montagnes, aujourd'hui ſéparées par de grands intervalles; leur élargiſſement proportionnel à la pente qu'elles ont & même à leur éloignement réciproque; les débris des rochers les plus élevés chariés alors ſur un ſol continu & fixés, depuis la dégradation du lit ancien, dans les bouches inférieures mais correſpondantes; enfin ces mêmes débris d'autant plus petits & plus arrondis, qu'ils ſe trouvent actuellement, plus éloignés de ce point de leur partance.

Mais avant, nous croyons important de vous parler d'un fair bien plus ſingulier : c'eſt qu'au moment où la mer a laiſſé ces montagnes à découvert, elle s'eſt précipitée dans des abymes très-profonds, & qu'elle était bien éloignée d'atteindre alors, le niveau qu'elle a maintenant.

Pour ſuivre le raiſonnement par lequel nous allons vous démontrer ce fait étonnant, rappellez-vous d'abord que ces montagnes élevées de plus de 900 toiſes, venaient d'être abandonnées par les eaux; que leurs lits étaient un compoſé des dépôts qu'elles avaient accumulés, & qu'ils étaient dans un état limoneux.

Leur état limoneux était dû néceſſairement à l'eau qu'ils contenaient: d'où vous pouvez conclure, que la maſſe des eaux réunies formait un moindre volume, & conſéquemment qu'elles devaient avoir moins d'élévation & de développement qu'elles n'en ont à préſent. Mais ce n'eſt encore là qu'une probabilité du fait; & nous voulons vous en fournir les preuves. Les voici.

1.° Les lits de ces montagnes ſe continuent juſques dans la mer en beaucoup d'endroits, & pluſieurs même par-deſſous ces monticules coquillers & madréporeux.

2.° Leurs diverſes ramifications jettées à l'eſt ainſi qu'à l'oueſt de l'Isle, ont entre elles des vallées qui s'élargiſſent, & dont la pente ſe ſuit par-deſſous les eaux de la mer, beaucoup au-delà de ſon rivage ; ce qui n'auroit pu ſe faire, ſi les fleuves & torrens qui les ont formées euſſent rencontré la mer à ſa hauteur actuelle, & perdu par cet obſtacle, tout l'effet de leur poids & de leur rapidité.

3.° Les mêmes monticules de madrépores & de coquillages, qui dans ces temps n'étaient point encore amoncelés, recouvrent des cailloux de porphyres & de jaſpes, qui n'ont pu recevoir leur forme que par le roulis des fleuves, dont les courans étaient placés dans les lieux occupés maintenant par ces monticules. Ce n'eſt point une ſimple préſomption; car il n'y a dans les environs aucunes maſſes de porphyres ou de jaſpes; mais il s'en trouve des lits immenſes & de la même qualité que celle de ces cailloux, ſur les deux côtés des gorges ou bouches correſpondantes à ces anciens courans.

4.° Enfin, ſur ces mêmes lits écroulés & continués juſques par-deſſous la mer, on reconnait des incruſtations de pierres plus dures; l'on y voit des replis, des tortuoſités, des formes contractées néceſſairement au moment de l'écroulement de cette matière pâteuſe ſur des rochers ſolides. Or la violence des flots eut infailliblement détruit & délayé ces matières encore molles, s'ils les eussent atteintes: il s'ensuit donc que la mer était beaucoup plus basse, & qu'elle n'est parvenue à la hauteur de ces rochers, qu'après avoir séjourné dans ces profondeurs, pendant un assèz-long espace de temps, pour que ces mêmes rochers aient pu se consolider durant cet intervalle, après lequel les eaux remontèrent jusques au-dessus des monticules, dont nous vous avons déjà plusieurs fois parlé.

Toutes ces révolutions devraient vous causer peu de surprise, l'écriture les a rappelées. Mais reprenons la série de toutes celles qui sont relatives à la mer, & dont notre Isle fournit la démonstration: c'est précisement du pic sur lequel nous sommes que vous aurez à vous occuper maintenant.

Il est comme vous le voyez, un des points les plus élevés de cette chaîne, qui s'étend sur presque toute la longueur de l'Isle, & contre laquelle ſont adoſſés à plus de neuf cent toiſes de hauteur, ces montagnes qui jadis, ont été le fond de la mer & formés des détrimens de ſes productions, comme de ceux que les fleuves y entrainaient. Cependant il a lui-même été recouvert par les eaux de la mer.

Pour vous en perſuader, il vous ſuffira de porter un regard attentif ſur les matières qui conſtituent les filons nombreux, dont ſont remplies les gerſures qui ſont autour de ce pic. Vous y reconnaîtrez une infinité de coquilles, de fongites, de numiſmales, de lenticulaires & de madrépores convertis en jaſpes à la vérité, mais qui ne ſervent pas moins à démontrer, que tous ces détrimens de l'organiſation doivent leur giſſement dans ces interſtices, au ſéjour de la mer ſur ces points éminens de notre Iſle.

Enfin, la mer eſt un des principaux agens de l'élaboration de ces maſſes énormes de granits qui ſeraient à leur baſe recouvertes avec régularité par les dépôts qu'elle a ſucceſſivement faits, ſi les fleuves qui s'établirent après ſa retraite, n' euſſent entrainé ceux de ces mêmes dépôts qui ſe trouvaient ſur leur cours. Il eſt au reſte peu difficile de prouver, que la mer eſt un des agens de leur formation.

En effet, les mieux conſervés ont à leur ſuperficie des ſtratations régulières de pierres alternativement ſchiſteuſes & granitiques, mais qui diſparaiſſent après une certaine épaiſſeur. En ſecond lieu, ceux ſur leſquels nous avons été contraints de gravir pour arriver juſques ici, ſont parſemés à leur ſurface de pierres arrondies, noires & d'autant plus profondément incruſtées dans cette matière granitique, qu'elles ont plus de volume & de poids : enfin les granits qui ſe trouvent dans les environs des anciens craters de volcans, ſont altérés dans leurs couleurs & dans leurs qualités, & ſont devenus dans certains cas, des pierres ponces dont la perfection eſt proportionnée à leur rapprochement de ces anciens foyers. Les granits n'en ſont donc point ſortis; mais ils ont été certainement élaborés dans le ſein des eaux, après la retraite deſquelles ils ſe ſont ſeulement conſolidés, d'autant plus promtement, que les principes ignés terreſtres, trouvant dans les eaux un obſtacle à leur libre ſublimation, affluant dans tontes les matières qu'elles ne couvraient point, accéléraient leur criſtalliſation, & s'uniſſant à des bols régénéraient des métaux & formaient ces diverſes eſpèces de pyrites, que l'on trouve avec grand étonnement, diſſéminées juſques dans les maſſes des rochers les plus durs.

Quant à la nature de ces matières long-temps braſſées ſous les eaux, long-temps agitées ensuite, par cet agent igné, dont la force avoit sa direction du centre à la circonférence de notre globe, vous connoîtrez qu'elle est dûe à la décomposition des masses pyriteuses. Mais réservons cet examen pour une autre course; terminons promptement celle-ci. Les rayons du soleil en nous quittant, en abandonnant de même les alpes majestueuses, dont les détrimens unis à ceux des pyrennées ont rempli tout l'espace qui les sépare de la mer, nous avertissent qu'il est temps de descendre vers ces cabanes de berger. Quoique faites rustiquement, leurs murs sont de porphyres & di jaspes qui pourraient ajouter à la décoration de nos Temples les plus magnifiques.

NOTES.

NOTE de la 13.e Page.

LOrſque les dépôts faits ſous la mer ſe découvrent par ſa retraite, toute leur ſuperficie généralement ſe deſſèche en même temps, & bientôt il s'y forme des gerſures.

Il n'en eſt pas ainſi des dépôts rejetés ſur le rivage : abandonnés par des flots de formes diverſes, ils ſemblent en adopter la configuration dans leur conſtitution intérieure ; leurs couches ne ſont point horizontales, mais inclinées ; elles ſont plus ou moins ſinueuſes ; elles peuvent avoir ſur quelques plages beaucoup de longueur, mais elles ont une largeur très-médiocre ; elles ſe deſſèchent à meſure qu'elles ſont rejettées, & les plus éloignées du rivage, lorſqu'elles ne ſe ſont pas affaiſſées juſqu'au deſſous du niveau de la mer, ſont les moins humides ; enfin & par ſuite de cet arrangement & de ce deſſéchement ſucceſſif, les gerſures y ſont de la plus grande rareté. Quant aux dépôts des fleuves, v. pag. 13 &c.

NOTE de la 14.e Page.

Dans un mémoire ſur les moyens de raſſainir l'air, nous avons eu l'intention de démontrer que l'atmoſphère eſt inſalubre, alors qu'il eſt privé de principes du feu terreſtre, deſquels dépend ſon élaſticité ; que ces principes qui ſont conſtamment portés à l'expanſion, ne pouvant ſe ſublimer des parties ſuperficielles de la maſſe ſolide du globe qui ſont enduites par des terres limoneuſes, telles que celles du fond des lacs, des étangs, des marais, des plaines baſſes long temps incultes & battues par les pluies, ou des vallées étroitement cernées par des montagnes, laiſſent un libre accès, pendant la nuit, aux principes du froid, & pendant le jour, à ceux du fen solaire ; que les plus actifs, de l'une comme de l'autre espèce, dirigés pour nous, de la circonférence au centre de la terre, affectent l'air, ou d'un mouvement destructeur de la vie animale & végétale, ou d'une inertie morbifique ; que les mêmes principes refluant de ces parties, & conséquemment abondant en plusieurs autres points, y développent des productions extraordinaires dans les différens règnes, y forment des charbons de terre, des eaux thermales, des pyrites, des chaux & cristaux fossiles ; y causent les variations dans les effets de l'électricité, les soufrieres, les volcans, & les tremblemens de terre ; que ces effets & beaucoup d'autres, sont d'autant plus frappans, qu'on les observe dans des saisons opposées, dans des climats froids comparés avec des climats chauds, dans des années où nos planètes se rencontrent en plus grand nombre, mises en parallelle avec les années où ces planètes sont le plus éloignées de la conjonction &c. Que c'est de l'action alternative & opposée du feu solaire & du feu terrestre sur les principes du froid général, placé pendant le jour entre l'un & l'autre, que dépend tout le méchanisme de l'air ; que cette action produit des effets très sensibles même dans les terres & dans les eaux ; qu'elle occasionne le phénomène jadis fameux de la fontaine du soleil & tous les autres accidens, qui depuis nombre de siècles ont excité l'étonnement. Nous croyons notre opinion sur l'existence de ces principes, conforme d'ailleurs au sentiment de plusieurs philosophes anciens, confirmée par les résultats que nous donne une suite d'experiences faites pour connaître & déterminer la force de sublimation de feu terrestre. (Voyez Kirches, Vossius &c.)

L'instrument dont nous nous servons, est un thermomètre renversé, mais dont l'extrémite intérieure du tube n'est point fermée. Les variations qui s'y remarquent ne paraissaient point avoir une analogie aussi rapprochée qu'on le croirait d'abord, avec celles du barometre & du thermomêtre. Au surplus nous invitons les curieux à faire les mêmes expériences. Avec plus de loisir, plus de communication avec les Savans & plus de ressource que nous ne pouvons en avoir, ils auront bien plutôt que nous, des données certaines, qui pourront servir de base pour reconnaître les qualités de l'air.

Quant à nous, les moyens de le rassainir nous ont paru consister singuliérement dans la construction de puits très-profonds, dans l'inondation du sol renouvellée continuellement, dans le curement du lit des rivières pour établir la plus grande égalité du cours des eaux, dans la fabrication des salines régulières sur les marais voisins de la mer, dont l'eau contient beaucoup de ces principes de feu terrestre, qui se sublimant dans l'athmosphère, en soutiennent pour ainsi dire le poids, & lui rendent l'élasticité qu'il n'avait plus; enfin, dans l'usage constant des feux: la déflagration, en effet, dégage les mêmes principes ignés terrestres qui s'opposent, pendant la nuit, à la pression du froid environnant, comme à celle des principes du feu solaire pendant le jour.

NOTE de la 15.e Page.

Abraham se sépara des Uriens, il y a 3712 ans ou environ, peu de personnes l'ignorent. Dans le même temps à peu-près, les colonies fameuses pour nous, s'établirent sous la direction, de chefs plus ou moins éclairés, mais tous *Dieux* ou descendans des *Dieux*. C'est à dire Ministres ou descendans des Ministres des diverses parties de l'ancien & premier gouvernement théocratique.

Les vicissitudes de ces différens ministères, ainsi que les révolutions phisiques nous sont retracées par les allégories de la fable. Elle nous montre chacun des ministres soumis au Jupiter, comme au chef suprême de cet ordre de théocratie. Neptune désigne, en effet, le Dieu des eaux Vulcain, celui des arts, Mars celui de la guerre &c. Leurs descendans devenus chefs des colonies, s'égarérent d'autant plus dangereusement, qu'ils manquèrent de déférence, pour celui dont ils tenaient leur mission, & que cessant toute correspondance entre eux, anticipant sur les droits les uns des autres, ils usèrent, pour se nuire, des facultés qu'ils devaient employer pour s'entr'aider: voulant recourir ensuite aux moyens d'obtenir la clairvoyance, ils firent d'inutiles tentatives; parceque leurs desseins étaient iniques. S'éloignant même du rite primordial, ils établirent des usages superstitieux, qui n'avaient que des effets nuisibles; & les peuples, sous leur conduite, au lieu de vaincre les obstacles que leur opposaient les élémens, de dompter par le courage les Nations barbares qui leur disputaient un sol superflu, de s'appercevoir des dangers de l'habitation ou de la culture dans certaines parties assujetties encore aux révolutions phisiques, dont un souvenir moins incertain de la primitive lumière les eut portés à se garantir, vinrent s'établir sur des terrains encore mal assurés, & périr avec leurs guides aveugles, ou perdre le souvenir de leur origine, celui des principes de la sagesse, se livrer à tous les désordres des hommes abandonnés par la main divine, & ravaler leur raison jusques au dessous de l'instinct des animaux.

Philosophes du siècle, ne cherchez point ailleurs l'origine des Sauvages, que vous regardez comme les hommes naturels : ils sont, croyés-le, des hommes dénaturés.

NOTE de la 16.e Pag.

Nous disons à peu-prés, parcequ'en effet les ruines de Mariana sont, ainsi que celles d'Aleria, moins éloignées du rivage actuel de la mer, que du pied des montagnes qui terminent les plaines. Mais il est juste aussi d'observer, que dans les premiers tems où la mer venait de descendre jusqu'au niveau qu'elle a maintenant, elle recevait des terres nouvellement abandonnées, des dépôts en plus grande abondance.

NOTE 1.re de la 20.e Pag.

Cette plaine vaste & superbe serait propre à la culture du grain, des oliviers, des orangers, du coton &c., mais elle est terminée du côté de la mer, par une multitude de marais. & d'étangs qui, pendant les deux tiers de l'année, en infectent généralement l'air. Si les élémens s'y trouvaient en harmonie, des richesses immenses y naîtraient: & plus on différera les travaux à faire, plus le sol s'appauvrira par les pluies qui, précipitant les sucs les plus propres à la végétation, ne laissent plus à la surface que les terres grossières, & plus enfin l'infection y sera dangereuse; parceque les mêmes sucs que les pluies précipitent, forment avec elles dans les lits inférieures, un limon qui s'oppose à la sublimation des principes du feu terrestre, desquels dépend l'élasticité de l'athmosphére. Ces principes qui sont la matiére de l'électricité, sont aussi les agens les plus puissans de la végétation. Elle leur doit son développement plus marqué dans le primtems & dès l'aube du jour; parceque moins dominés alors par la masse du froid aerien, allégés par la séparation qu'en font les rayons solaires, ils peuvent se sublimer & conduire avec eux dans les filières des végétaux, les sucs délicats dont ils les nourrissent.

NOTE 2.e de la 20.e Pag. Si l'on parcourt d'idée les parties du globe, qui ne sont élevées que de dix-huit à vingt toises audessus du niveau de la mer, aucune d'elle n'offrira d'établissemens d'une antiquité reculée. Presque toujours l'époque de la fondation sera marquée très - précisément, soit dans l'histoire écrite du pays, soit dans la mémoire, par une transition bien suivie. Mais si les terrains bas étaient alors, dans tous les climats autour du globe, recouverts par les eaux, des montagnes aujourd'hui désertes, aujourd'hui chargées de glaces dans toutes les saisons, étaient cultivées & habitées. La Corse fournit plus d'un exemple de cette désertion forcée des hautes montagnes. Nous avons saisi l'occasion de nous procurer une pièce authentique qui prouve des causes de l'abandon de Sepola, l'un des anciens villages de l'Isle, placé dans le canton de Caccia, environ à mille toises audessus du niveau de la mer. L'on y voit, que les habitans s'en sont retirés, parceque le sol du territoire s'étoit sensiblement appauvri depuis plusieurs années, & que le froid n'y était plus supportable.

NOTE 1.re de la 22.e Pag. Aucun des Départemens de la France ne réunit, comme la Corse, des climats aussi variés: Le même jour on éprouverait sur ses montagnes, les froids de la Sibérie, & dans ses plaines les chaleurs de la Syrie. Aussi produit elle des pins majestueux, comme ceux de la Livonie, & des oliviers aussi baux que ceux de la Calabre. Cependant les Loix publiées jusques à présent, sur la matière des bois, ont des dispositions, qui semblent supposer que la végétation soit la même dans toutes les parties de cette Isle. Elles déterminent, en effet, une seule époque pour la coupe des arbres de la Corse. Il est vrai que les loix sur la même matière, n'ont point fixé des époques différentes pour les coupes à faire dans la France entière, malgré la diversité de la température de ses parties : il y a plus, on a permis la coupe des pins & des sapins dans toutes les saisons de l'année ; comme si cette espèce de bois pouvait acquérir sa perfection, lorsque sa sève n'a pas reçu toute son élaboration ; ce qui n'arrive pas même tous les ans.

Pour n'avoir point réglé la coupe des bois, d'après l'élévation & la latitude des lieux, pour avoir permis celle de certaines espéces d'arbres pendant toutes les saisons ; pour n'avoir point distinguée des autres, ceux dont l'élaboration parfaite de la sève n'est achevée qu'après plusieurs années, enfin pour avoir autorisé les coupes avant le terme de cette parfaite élaboration, les plus belles forêts ont été ruinées, sans apporter presqu'aucun avantage.

Dans nos observations sur l'époque de la coupe des arbres, nous avons dit qu'elle doit être réglée d'après ce principe : qu'une élévation de 4000 pieds augmente le froid autant qu'une différence de 18 degrés du midi au nord, toutes choses égales d'ailleurs.

NOTE 1.e de la 11.e Pag.

La différence des climats sur terre & dans les eaux, n'est pas la seule cause de la variété des productions : les tems en occasionnent à la longue, d'aussi remarquables. Le climat de l'Italie qui convenait, il y a vingt-cinq ou trente siècles, aux Éléphans &c., est maintenant trop froid pour ces animaux : le coquillage appellé la poulette, qui se trouvait abondamment sous le 50.me degré de latitude, il y a deux mille ans, ne se voit plus à présent audelà du 40.e Il ne suit pas delà néanmoins, que les terres qui sont aujourd'hui ſous le 50.me dégré, aient autrefois été placées ſous le 40.me, mais ſeulement que la chaleur naturelle du 50.me dégré convenait alors au développement des productions, auxquelles eſt maintenant propre la température du 40.me. La déperdition générale du fluide igné terreſtre & celle qui s'en fait en certains lieux par des iſſues particulières, ſont les cauſes principales de ces changemens.

NOTE 3.e de la 22.e Pag. L'on peut concevoir quelle étendue de terrain a été dans ce moment découverte, puiſque la mer s'eſt retirée de toutes les parties qui n'avaient pas plus de 200 toiſes d'élévation. Mais ces pays nouveaux n'ont pu, ſur le champ, être occupés: ils n'etaient ni ſains, ni ſolides.

NOTE de la 28.e Pag. Les dépôts de cette ſtation ſont appuyés à la même hauteur, non ſeulement contre les montagnes de Corſe, mais contre celles de l'Elbe, contre les Appennins, les Alpes, les Pyrénées & généralement ſur tout le pourtour de la méditerranée, qui communiquait alors avec l'océan, par beaucoup de détroits.

NOTE de la 29.e Pag. Quel Pygmée s'il ſe conſidère ſur ce globe, dont la ſurface eſt preſque toute couverte de détrimens des êtres qui l'ont précédé! Mais auſſi quelle ſublime exiſtence, lorſqu'il examine les relations des corps céleſtes, qu'il en indique les révolutions, qu'il s'élance dans toutes les parties de l'eſpace & des tems, & qu'il regrette de ce que ſon ame eſt encore gênée par une enveloppe, qui ne lui permet de voir qu'une partie des objets, d'entendre que des accords accidentels, de s'occuper que momentanément de l'Être Suprême; tandis qu'elle ſe ſent faite pour le louer perpétuellement, & pour avoir, d'un ſeul & même acte de volonté, l'idée de l'ordre & de l'harmonie univerſels!

Cette Offrande d'Abraham nous prouve qu'il n'était ni le premier, ni le ſeul des juſtes & des voyans; & que de ſon tems, le culte du vrai Dieu s'obſervait réligieuſement, dans certains temples & par certains peuples: mais il fut bientôt abandonné, détruit ou altéré; car les hiſtoriens ne nous entretiennent depuis lors, que d'idolatrie, d'oracles menſongers, & de ſuperſtitions. Pour rétablir dans leur pureté, les cérémonies religieuſes, que la tradition & l'explication erronée des hyéroglyphes gravés, ſculptés, peints ou tiſſus avaient groſſiérement dénaturés, il fut néceſſaire de les décrire ſur des pyramides: *Eriges ingentes lapides & calce levigabis eos ut poſſis in ea ſcribere omnia verba legis hujus .... plane & lucide Exode chap. 17. verſets 2 & 8.* Les lettres de cette écriture ſacerdotale, furent appellées belles lettres, lorſque l'on ceſſa d'en avoir l'intelligence, & que l'on n'y remarqua plus que l'ornement. *NOTE 1.re de la 30.e Pag.*

Si les circonſtances nous laiſſaient plus de momens libres, nous placerions en ordre les divers matériaux que nous avons, pour démontrer la férie frappante de faits hiſtoriques, rappellés par les généalogies hébraiques & grecques. Celle de Caïn, expliquée par la ſimple traduction des noms hébreux, ſuffira pour donner une idée des reſſources dont ces généalogies étaient pour l'hiſtoire: les noms que portaient les hommes n'étaient point alors de vains mots: ils ſervaient à retracer les vérités utiles comme les ſuivantes: *Loix ſont nées de réunion de volontés: Hommes libres ſont nés d'eſclaves des loix: Liberté morale d'aſſerviſſement des paſſions.* *NOTE 2.e*

NOMS HÉBREUX.

ADAM peperit- - - - - -

CAIN - - - - - - - - - -

HENOCH - - - - - - - - -

HIRAD- - - - - - - - - -

MAVIËL - - - - - - - - -

MATHUSAEL - - - - - - -

LAMECH - - - - - - - - -

∫

HADA. accepit duas uxores. TSELLA

JABEL	JUBAL	TUBALCAIN
∫	∫	∫
habitantes in tentoriis & pastores.	canentes in cithara & organo.	malleator & faber in cuncta opera æris & ferri.

Pour rendre ces vérités avec moins de concision, & les lier par des idées accessoires, l'on dirait maintenant : Celui qui le premier mit un champ en culture s'en rendit le propriétaire ; il le ceignit de fossés & de haies ; Il en défendit les productions. Bientôt il fut imité par plusieurs cultivateurs ; & la conservation des fruits étant de leur intérêt commun, ils sentirent l'avantage de se réunir, de rapprocher leurs cultures & leurs demeures. Assujettis au travail, le fruit de leur sueur leur devint plus cher, ils craignirent de le perdre, & s'adressèrent à Dieu pour

LEUR VALEUR.

- - Terre cultivée (a fait naître)

- - - Propriété, possession

- - - Règle & Loi

- - - Réunion de propriétés

- - - Lieu d'invocation de Dieu

- - - Homme qui invoque Dieu

- - - - - - - - - - HUMILITÉ

ſ

SSEMBLÉE eut deux femmes PRIÈRE

OCATION époque	MUSIQUE	OBLATION ſuſpendue	BEAUTÉ
ſ	ſ	ſ	
itans s les tes & ſteurs	chantans avec orgue & guitharre	fabriquant en fer & airain	

en obtenir la conſervation, & pour qu'il n'appeſantit point ſur eux la main vengereſſe qu'avait fait armer l'orgueil funeſte de leur père. Comme ils avaient réuni leurs propriétés, ils réunirent leurs vœux, pour garantir des fléaux les moiſſons qu'ils avaient fait naître &c. mais nous nous occupons de commenter ce qui perd à l'être.

L'on peut juger par ce ſeul paſſage, de la ſérie des faits & des connaiſſances renfermés dans nos livres ſaints, & particulièrement dans ceux des nombres & dans les paralipomenes. V. St. Jerôme dans ſes lettres.

NOTE de la 31.e Pag.

Lorsque l'on a le vent de terre en Corse, ces vallées continuées sous la mer, sont dessinées à sa surface, par un ton de couleur plus claire; & dans les gros tems, il y a des teintes sensibles d'eaux vaseuses. Elle annoncent que la mer en remontant a éprouvé plusieurs hausses & baisses. M. le Seurre en a vu des indices entre les dépôts des stations postérieures; & s'il veut céder à nos sollicitations il enrichira les sciences d'observations piquantes & judicieuses sur cet objet & sur plusieurs autres relatifs à l'histoire des tems reculés.

NOTE de la 32.e Pag.

Entre Ventimille & Menton, nous avons vu des gersures d'un marbre blanc, veiné de rouge remplies à plus de trente toises au-dessus du niveau de la mer, de coquillages marins pétrifiés, mais d'une belle conservation.

Ce fait semble prouver qu'aprés la retraite des eaux, le desséchement de leurs dépôts à causé des gersures qui, lors d'une nouvelle immersion, se sont comblées de détrimens, les uns de coquillages ou de végétaux marins, & ces derniers ont formé des tourbes &c., les autres de dépouilles des montagnes d'où partaient les fleuves. Ces dépôts terreux élaborés dans ces gersures par le fluide igné qui s'y rendait abondament des parties basses, ont été régénérés en métaux, convertis en quartz & autres pierres, suivant la nature du détriment, & l'abondance des principes ignés qui le pénétraient.

NOTE de la 33.e Pag.

Le 8.me chapitre du liv. des prov. parle de ce fait.

NOTE de la 34.e Pag.

L'ancienne union des terres a rendu facile la communication des usages d'un peuple à d'autres peuples aujourd'hui séparés par les mers.

Le nombre & la force des végétaux & des animaux étaient proportionnés à l'abondance des principes ignés terrestres. Cette fécondité même était encore plus grande; parceque beaucoup de ces lits de pierres à présent inutiles, étaient alors des terres meubles, humides & propres à la végétation. La formation de ces dépôts n'est plus un mystère; la 4.me station & l'action du fluide igné terrestre la font connaître.

2.e NOTE de la 24.e Page.

NOTE de la 35.e Pag.

Entre Menton & Ventimille les côtes qui bornent la mer sont formées de numismales, de fongites & de madrépores. Nous en avons recueilli plusieurs, qui sont comme des chainons qui lient ces diverses classes de coquillages, & qui démontrent le développement successif de l'organisation. La même série se voit en Corse dans les monts de Caccia. Mais ici les lits ont leur extrêmité supérieure jaspifiée; parceque les eaux y faisaient refluer de tous côtés, les principes ignés terrestres, qui long tems, ont alimenté les volcans, par lesquels ces parties élevées ont été tourmentées.

1.re NOTE de la 36.e Pag.

Voy. les notes sur l'Histor. Nat. à la lettre K.

2.e NOTE de la 36.e Pap.

Sur les lieux plus élevés, plus anciennement découverts & cernés par les eaux, la chaleur terrestre était si considérable, qu'elle y soulevait, brisait, & versait en tous sens, les lits de dépôts, lorsqu'elle était trop divisée pour former des volcans. L'on ne voit aujourd'hui sur le Cinto que des amas de blocs incohérens de jaspes.

NOTE de la 37.e Pag.

De la sommité du mont Santo Pietro l'on voit, à la hauteur d'environ mille toises, les lits de dix ou douze anciens fleuves qui suivent une même pente. L'on distingue aisément, de ceux de la

1.re NOTE de la 38.e Pag.

mer, les dépôts laiſſés par ces fleuves. Ces dépôts ſont de deux eſpèces. Les uns faits dans les lits ordinaires, renferment beaucoup de pierres roulées dont le volume augmente en raiſon du rapprochement de la ſource. Les autres laiſſés par les eaux débordées, ont été tenus par elles plus ou moins long temps, en diſſolution. La pâte en eſt fine, & les couches de nature variée, comme le ſol où tombaient les pluies qui cauſaient les débordemens. De plus, la ſuperficie du limon précipité ſe deſſéchant après chaque retraite des eaux, l'on remarque dans ces dépôts des lits alternativement plus conſolidés les uns que les autres. Ils marquent les inondations périodiques auxquelles on doit la plus part des lits de matières dénaturées. Quant aux dépôts marins, V. la 1.re des Note.

2.e NOTE de la 38 e Pag. Le Rotondo couronne une chaîne de monts ſchiſteux qui recouvrent des granits.

NOTE de la 40.e Pag. Voyés la 1.re note de la 36.e pag.

1.re NOTE de la 41.e Pag. Tous ces dépôts étaient bolaires dans le principe. C'eſt pourquoi l'on peut en régénérer divers métaux, les plus précieux exceptés ; parce-qu'ils ont été compoſés dans un tems où les principes du froid & ceux du chaud avaient trop de pureté, pour que leur fixité puiſſe être rétablie ou dérangée par les faibles agens qui ſont à la diſpoſition de l'homme.

2.e NOTE de la 41.e Pag. Les différences dans l'évaluation & dans la latitude des inégalités du globe ont dabord cauſé la variété des pyrites, poſtérieurement celle des métaux, celle des bols, & moins anciennement celle des terres.

NOTE de la 42.e Pag. La criſtalliſation paraîtrait une opération moins myſtérieuſe, ſi l'on ſe rappellait que le feu terrestre émané des charbons ou d'ailleurs, en est le principal agent ; qu'elle a lieu, lorsqu'après la dissolution, les principes de ce feu, qui tendent au développement, sont contenus par ceux du froid qui tendent à la concentration. Ensorte que la cristallisation n'est que l'établissement de l'équilibre entre les actions opposées de ces deux principes.

Suite de la Note de la 42.e Pag.

L'expansion de ceux du feu terrestre & l'humidité de l'air, après avoir décomposé les pyrites superficielles, ont extraordinairement divisé les premiers bols, & lorsqu'ils furent entrainés dans les eaux, ils durent facilement se dissoudre. Précipités ensuite, ils se sont cristallisés. Les bols des pyrites les plus précieuses ont fourni les cristaux les plus fins & les plus brillans. Ceux qui se trouvent maintenant isolés étaient alors, soutenus dans une gangue dont ils ont été dépouillés depuis ; parceque moins solide, elle n'a pu résister à l'action des eaux courantes, après la retraite de celles de la mer.

NOTE de la 46.e Pag.

La mer en se retirant, a laissé des dépôts imprégnés de ses eaux. Elles ont filtré dans les lits inférieurs & les ont maintenus dans un état limoneux, tandis que les supérieurs desséchés, se séparaient par des gersures qui servaient d'issus aux principes du feu terrestre, agens de l'élaboration des pierres fines, des volcans & de la la ruine de ces masses de dépôts.

NOTE de la 48.e Pag.

Il existe sans doute, beaucoup de cristallisations métalliques particulières, & nous avons parlé de leur formation dans la note de la 32.e pag. Mais ce fait ne détruit point ce que nous disons de la masse pyriteuse. D'ailleurs, pour ne plus douter de son existence il suffira de venir examiner les lieux escarpés dont nous parlons & le vaste laboratoire de la mine de fer de l'Elbe, que la nature paraît avoir débarassé du voile dont elle couvre ordinairement ses œuvres & ses richesses.

INDICATION

Des Numéros placés ſur les lignes horizontales & tangente des profils & ſur les lignes courbes du plan de la Corſe.

Le 7 eſt mis ſur les lignes qui déterminent l'élévation de la Station actuelle à l'égard de la Corſe & la circonſcription qu'elle a faite de cette Isle.

Le 6. Sur les mêmes lignes de la Station précédente.

Le 5 Sur les mêmes lignes de l'antepénultième Station.

Le 3. Sur les mêmes lignes de la 3.me Station de la mer

Le 1. Sur les mêmes lignes de la 1.re Station.

Le 4. Sur la ſeule ligne inclinée & indéfinie de la 4.me Station, qui ſe trouvait audeſſous du niveau des eaux de la mer actuelle.

Le 2. Sur la ligne horizontale que ſurpaſſait le niveau des eaux de la 2.me Station. Il ſe trouve au niveau du point le plus élevé de la Corſe qui eſt garni de dépôts de cette ſeconde Station.

Les lettres AB. CD. EF. GH. ſont placées ſur les lignes de Section que forment les profils ſur le plan de la Corſe.

E R R A T A.

A la 6.me ligne de la page 11.e *lisés* Ventilegne.
A la 17.e ligne de la 33.e page *lisés* aplatis.

www.ingramcontent.com/pod-product-compliance
Ingram Content Group UK Ltd.
Pitfield, Milton Keynes, MK11 3LW, UK
UKHW020350180726
13839UKWH00003B/1016

9 782329 490687